BEI GRIN MACHT SICH IHR WISSEN BEZAHLT

- Wir veröffentlichen Ihre Hausarbeit, Bachelor- und Masterarbeit

- Ihr eigenes eBook und Buch - weltweit in allen wichtigen Shops

- Verdienen Sie an jedem Verkauf

Jetzt bei www.GRIN.com hochladen und kostenlos publizieren

Thomas Ruf

Planung und Herstellung eines Gegenstandes aus Kunststoff: Stempel zur Herstellung von Schiffsrümpfen/Katamaranrümpfen (im Tiefziehverfahren)

GRIN Verlag

Bibliografische Information der Deutschen Nationalbibliothek:

Die Deutsche Bibliothek verzeichnet diese Publikation in der Deutschen National-
bibliografie; detaillierte bibliografische Daten sind im Internet über http://dnb.d-
nb.de/ abrufbar.

Impressum:

Copyright © 2004 GRIN Verlag GmbH
Druck und Bindung: Books on Demand GmbH, Norderstedt Germany
ISBN: 978-3-640-85594-0

Dieses Buch bei GRIN:

http://www.grin.com/de/e-book/24728/planung-und-herstellung-eines-gegenstandes-
aus-kunststoff-stempel-zur

Staatliches Seminar für Schulpraktische Ausbildung

Unterrichtsentwurf

zur 2. Staatsprüfung für das Lehramt an Realschulen
im Fach „Natur und Technik"

<u>Thema:</u>

"Planung und Herstellung eines Gegenstandes aus Kunststoff:

Stempel zur Herstellung von Schiffsrümpfen"

Klasse: 7X (8 Jungen)

1. Bedingungsanalyse

1.1 Beschreibung der Klassensituation

Das Bildungszentrum in XXX besteht aus Grund-, Haupt- und Realschule. Die Schüler kommen aus XXX und seinen Teilorten, somit hat die Schule ein eher kleines Einzugsgebiet. An der Realschule XXX wurden im vergangenen Schuljahr XXX Schüler unterrichtet, in diesem Schuljahr sind es XXX.
Die Klasse besteht aus acht Jungen der Klasse 7X.
Die Schüler sind recht arbeitswillig und begeisterungsfähig und nehmen rege am Unterricht teil. Vor allem im handwerklichen, aber auch im kognitiven Bereich ist ein Leistungsgefälle festzustellen. So sind XXX und XXX kognitiv und handwerklich den anderen Schülern etwas voraus. XXX und XXX haben des öfteren Probleme beim praktischen Arbeiten und sind sehr unselbstständig. Hier wird die Notwendigkeit einer Differenzierung im Unterricht deutlich.
Alle Schüler sind beim praktischen Arbeiten meist sehr motiviert. Wenn die Schüler sich in einer Gruppe die Arbeiten selbst aufteilen müssen, zieht sich der eine oder andere oftmals zurück. Sie haben zum Teil Schwierigkeiten in der gemeinsamen Abstimmung und gegenseitigen Unterstützung. Da die Teamfähigkeit aber auch ein Ziel in meinem Unterricht ist, müssen die Schüler lernen, gemeinsam im Team zu arbeiten. Dies gilt auch dann, wenn die Gruppen nach dem Zufallsprinzip eingeteilt werden.
Beim praktischen Arbeiten sind alle Schüler sehr motiviert. Diese Freude am praktischen Tun hat den Nachteil, dass die Schüler Reflexionsphasen vergleichsweise weniger attraktiv empfinden. Ich musste die Schüler schon das ein oder andere Mal daran erinnern, dass es sich nach wie vor um eine schulische Veranstaltung handelt, in der ab und zu auch einmal nachgedacht werden muss, und nicht um eine Freizeitaktivität.
Die Schüler verstehen sich untereinander recht gut, wobei es ab und zu auch zu kleinen Rangeleien vor dem Werkraum kommen kann. Während des Unterrichts kam es auch schon zu Hänseleien und verbalen Wortgefechten, die ich dann unterbinden

musste. Der Beginn der Pubertät ist bei einigen Schülern zu erkennen. Dennoch sind auch Jungen in der Gruppe, die noch dem späten Schulkindalter zuzuschreiben sind.

1.2　Räumlich – sachliche Voraussetzungen

Die heutige Unterrichtsstunde liegt außerhalb des planmäßigen Technikunterrichts. Normalerweise findet der Unterricht dienstags statt. Die acht Schüler der 7X müssen sich zur fünften Stunde im Werkraum einfinden, während der Großteil der Klasse regulären Unterricht beim Klassenlehrer Herrn XXX hat. Vor der Stunde liegt die zweite große Pause. Verzögerungen am Anfang können also ausgeschlossen werden.

Die Technikraum befindet sich im Untergeschoss der Schule. 24 Arbeitsplätze werden hier durch 12 massiv gebaute Werkbänke, die jeweils mit Schraubstöcken ausgestattet sind, bereitgestellt. Es gibt einen Maschinenraum, der von Real- und Hauptschullehrern bzw. Real- und Hauptschülern gleichermaßen benutzt wird.

Jeder Technikraum hat seine eigene Grundausstattung an Werkzeugen, die vom jeweiligen Lehrer selbst verwaltet werden. Werkzeugeinheiten werden in verschiedenen Schränken (Holz, Metall) im Blocksystem aufbewahrt. Das Aufräumen habe wir so organisiert, dass am Ende der Stunde jeder Schüler eine Karte zieht, auf dem seine Aufgabe steht (z.B. Kehre die Tische, stelle die Stühle auf den Tisch/ Kehre den Werkraum/ Säubere die Werkzeuge, überprüfe sie auf Vollzähligkeit und ordne sie an ihren Platz im Werkzeugschrank/...). Erst wenn er die Arbeit erledigt hat, gibt er mir die Karte zurück. So habe ich die Möglichkeit, den Schüler gegebenenfalls zu einer gründlicheren Reinigung zu ermahnen.

Der Werkraum der Realschule bietet genügend Platz für jeden Schüler. Eine breite Fensterfront bietet die Möglichkeit, den Raum bei Lackierarbeiten oder ähnlichem gut durchzulüften.

Die Tafel ist nicht magnetisch und kann nicht nach oben oder zu Seite bewegt werden. Der Einsatz des Tageslichtprojektors ist möglich. Die Schule besitzt einen Laptop und einen Beamer, die schnell installiert werden können. Der Laptop ist zur Zeit aber in der Reparatur. XXX XXX, der neue Referendar an der Schule erklärte sich bereit, seinen Laptop zur Verfügung zu stellen. Das Bild kann an die Diawand projiziert werden. Vor der Stunde werde ich alles aufbauen. Auf Lautsprecherboxen habe ich verzichtet, da die integrierten Boxen ausreichen.

2. Sachanalyse

2.1   Überlegungen zum Lerninhalt

Kunststoffe werden heute in allen Bereichen des alltäglichen Lebens eingesetzt. Sie haben zum Teil sehr unterschiedliche Stoffeigenschaften. In dieser Unterrichtseinheit haben die Schüler zum ersten Mal die Gelegenheit, einige Stoffeigenschaften und Bearbeitungsverfahren eines häufig verwendeten Kunststoffes kenn zu lernen. Kunststoffe werden aber heute auch immer mehr ein Problem bei der Entsorgung und Wiederverwertung. Deshalb ist es wichtig, das Thema Kunststoff im „Natur und Technik" - und Chemieunterricht zu behandeln.

Der Hauptteil der Stunde beschäftigt sich mit der Planung des Stempels zur Serienfertigung eines Katamarans. Den Katamaran habe ich als Werkstück deswegen ausgewählt, da hier jeder Schüler zwei Rümpfe herstellen muss und eine Serienfertigung somit nötig ist, bedenkt man, dass nicht viel Zeit zur Herstellung vorhanden ist.
Die Planungsschritte sind bei allen Werkstoffen im Prinzip immer die gleichen, wobei hier an jeder Stelle, je nach Schwerpunkt und Funktion, Einschränkungen vorgenommen werden können. Zu einer kompletten Planung gehören jedoch prinzipiell folgende Schritte:

- Ideen sammeln
- Anforderungsliste erstellen
- Informationen beschaffen
- Skizzen anfertigen
- Fertigung vorbereiten
    - Fertigungszeichnung erstellen
    - Arbeitsplan erstellen

- Material- und Werkzeugliste erstellen
- Arbeitszeiten einschätzen
- Kontroll- und Beurteilungsbogen erstellen

Thermisches Umformen von Kunststoffen

Thermoplaste sind Kunststoffe, die unter Wärmeeinwirkung (thermos = warm) umgeformt werden können (z.B. Plexiglas). Es gibt verschiedene Möglichkeiten, Kunststoffen eine neue Form zu geben. Das Tiefziehen ist eine davon. Für das Tiefziehen braucht man eine Tiefziehvorrichtung (siehe Foto).

Tiefziehvorrichtungen bestehen aus einem Gestell, einem Ziehring und einem Niederhalter. Die Heizquelle befindet sich im Gehäuse. Als Wärmequelle eignen sich für das Tiefziehen insbesondere Keramikstrahler, weil sie größere Flächen gleichmäßig erwärmen. Die Kunststoffplatte wird zwischen Ziehring und dem Niederhalter befestigt. Wenn das Material erwärmt ist, wird es mit einem Stempel durch den Ziehring gedrückt. Die Wanddicken des geformten Stücks sind geringer als die des Ausgangsmaterials. Die Masse des Kunststoffzuschnittes bleibt beim Tiefziehen erhalten. Erst beim Stanzen bzw. Ausschneiden entsteht ein Werkstoffverlust.

Beim Tiefziehen von Kunststoffplatten wie auch von Blechen kommt es ohne Niederhalter zu einer Faltenbildung. In dem Film „Tiefziehen"[1] wird sehr schön dargestellt, welche Funktion der Niederhalter hat. Ohne ihn kommt es zu einer Faltenbildung (siehe Abbildung). Dazu wird im Trick eine Ronde in einen mittleren Teil, der die Bodenfläche des Hohlkörpers bildet, und in parallele Elemente, die die Wandung des Hohlkörpers ergeben, aufgeteilt. Die übrigbleibenden Elemente sind „an sich" überschüssiger Werkstoff und damit die eigentliche Ursache für die Faltenbildung (siehe Abbildung).

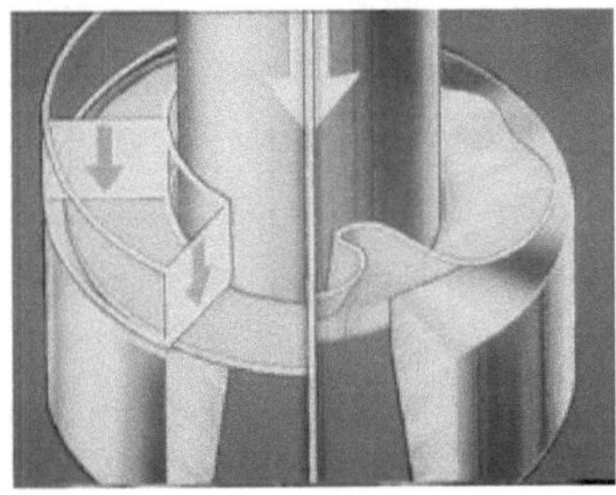 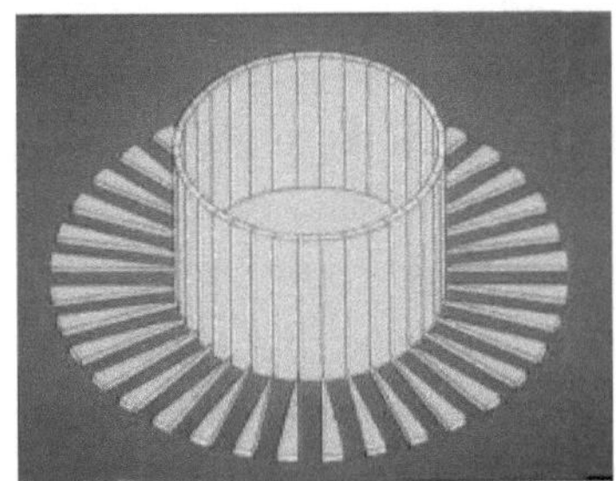

Um möglichst gleichmäßige Wandstärken und große Ziehtiefen zu erreichen, werden mehrere Verfahren kombiniert, wie Vordehnen, Saugen, Einblasen von Heißluft oder Beheizen des Stempels. Der große Vorteil des Tiefziehens liegt in den niedrigen Herstellungskosten für das Formwerkzeug im Vergleich zum Spritzgießen.[2]

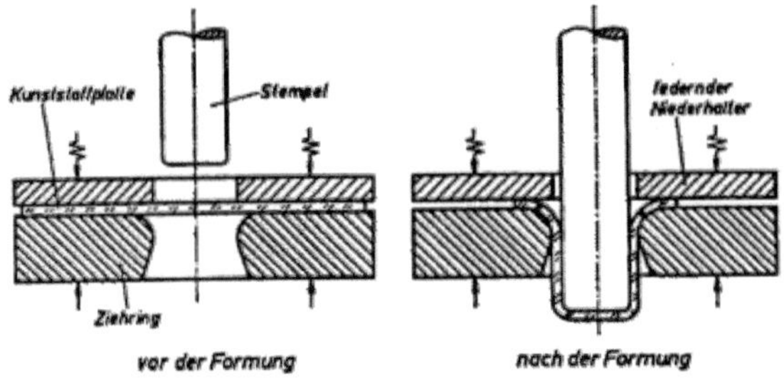

---

[1] Institut für Film und Bild in Wissenschaft und Unterricht: Video Tiefziehen. Grünwald 1988
[2] Vgl.Umwelt: Technik 7 – Ein Arbeits- und Informationsbuch. 1. Auflage, Stuttgart 1996, S. 89

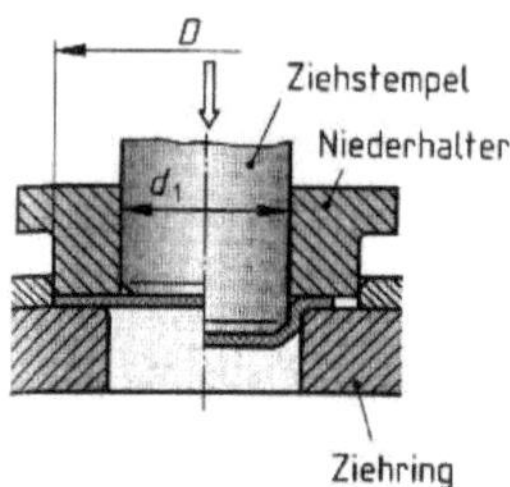

Beim Arbeiten mit einer Tiefziehvorrichtung muss darauf geachtet werden, dass durch die Wärmequelle hohe Temperaturen erreicht werden. Dies ist die Gefahrenquelle. Beim thermischen Umformen (Umformen unter Wärmeeinwirkung) wird daher mit Handschuhen gearbeitet. Die Kunststoffplatte darf nicht zu nahe an die Wärmequelle gebracht werden und umgekehrt darf die Wärmequelle (Heißluftfön) nicht zu nahe an die Kunststoffplatte geführt werden, weil das Material sonst Bläschen wirft, anschmort und schmilzt.[3] Die Kunststoffplatte von 1-3 mm Stärke wird auf ca. 150°C erwärmt.[4]

Der Kunststoff Polystyrol (Abkürzung: PS) eignet sich sehr gut für das Tiefziehen. Auch Joghurtbecher werden aus Polystyrol hergestellt.

Tiefziehvorrichtungen haben den Vorteil, dass sie die Herstellung mehrerer gleicher Werkstücke ermöglichen. Man kann immer wieder eine neue Kunststoffplatte einlegen und den Arbeitsvorgang mit dem gleichen Stempel wiederholen. Das wird praktiziert, wenn gleiche Gegenstände in Serienfertigung zum Beispiel produziert werden müssen.

---

[3] Vgl. Mensch – Technik – Umwelt für die Klassen 7+8. Hamburg 1989, S. 78
[4] MENKEN, H.: Der Kunststoff im Technik-Unterricht – Arbeitstechniken und Unterrichtsbeispiele. Eberbach, S. 23

3. Didaktische Überlegungen

3.1 Stellung des Themas im Lehrplan und in der Unterrichtseinheit

Der Lehrplaneinheit 2: „Kunststoffe, vielseitig und problematisch" folgt die Lehrplaneinheit 3: „Arbeitsmittel und Verfahren der Mehrfachfertigung". Beide Einheiten habe ich, wie im Lehrplan vorgeschlagen, miteinander verbunden. Im Mittelpunkt der Einheit steht die Planung und Herstellung von Formen und Vorrichtungen zur Mehrfachfertigung und die Planung und Herstellung eines Gegenstandes.[5]

Am Anfang der Einheit zu den Kunststoffen standen Experimente zu den unterschiedlichen Kunstoffen (Thermoplaste, Duroplaste und Elsatomere). Und die Herstellung eines Schlüsselanhängers aus Kunststoff. Die Schüler lernten dabei, den neuen Werkstoff mit trennenden Verfahren zu bearbeiten. In der vorletzten Stunde haben die Schüler Versuche zum Umformen von Thermoplasten gemacht. Aufgabe war es, aus zwei unterschiedlich dicken Tiefziehfolien einen Joghurtbecher tief zu ziehen. Die Schüler stellten in zwei Gruppen zwei verschieden große Stempel aus Styrodur her. Sie machten dabei erste Erfahrungen beim Bearbeiten des neuen Werkstoffs. Es wurde herausgefunden, dass Styrodur nicht mit einem Kraftkleber geklebt werden kann (siehe Foto), wohl aber mit einem Holzleim. Auf die Tiefziehfolie wurde ein Gitternetz aufgezeichnet. Die Schüler haben dann erkannt, was mit der Folie beim Tiefziehen passiert (siehe Foto).

 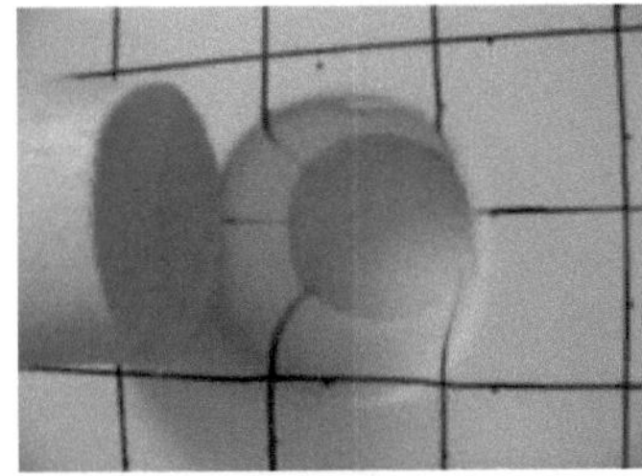

---

[5] Vgl. Bildungsplan für die Realschule. Stuttgart 1994, S. 192

Im Anschluss an die heutige Stunde steht dann die Fertigstellung des Stempels und eine Schwimmversuch. Vor dem Schwimmversuch sollen die Schüler Vermutungen äußern, welcher Rumpf wohl am besten für unseren Katamaran geeignet ist. Wenn ermittelt wurde, welcher Rumpf am besten im Wasser gleitet, beginnt die Serienfertigung. Die Schüler stellen dann einen individuellen Deckaufbau her, der einen Propeller besitzt. Der Deckaufbau wird entweder im Tiefziehverfahren hergestellt, durch Biegen von Plexiglas oder aus einer Kombination aus beidem.

3.2   Verankerung im Lehrwerk

An der Realschule XXX verwenden wir im „Natur und Technik" - Unterricht das neue Lehrwerk „umwelt: technik 7" aus dem Hause Klett. Der Unterrichtsgegenstand dieser Stunde ordnet sich in das wie im Lehrplan lautende Kapitel „Kunststoffe, vielseitig und problematisch" im Arbeitsteil des Buches unter den Unterkapiteln „Gegenstände planen und herstellen" und „Umformen mit Wärme" ein.
Das Buch ist für jede Lehrplaneinheit in zwei Teile geteilt. Der Schwerpunkt des Arbeitsteils liegt im praktischen Bereich, also beim Kunststoff hier bei der Planung und Herstellung eines Gegenstands, sowie bei den Bearbeitungsmöglichkeiten, während der Schwerpunkt des Informationsteils im Theoriebereich liegt, also bei Kunststoff eher auf die industrielle Herstellung und Verarbeitung abzielt.

3.3   Die vorausgegangene Stunde

In der Stunde am vergangenen Dienstag haben wir die neue Unterrichtseinheit „Mehrfachfertigung" begonnen. Thema waren die verschiedenen Fertigungsarten. Die Lerngruppe wurde in drei Gruppen geteilt und die Aufgabe bestand darin, sich im Buch über die Begriffe Einzelfertigung, Serienfertigung und Massenfertigung zu informieren und ein kurzes Referat vorzubereiten. Anhand von Plakaten sollten die Ergebnisse dann den Mitschülern vorgestellt werden. Als Ergebnissicherung diente ein Puzzle, das die Schüler in Partnerarbeit „spielen" sollten. Sie haben die unterschiedlichsten Produkte (Massenprodukte, Einzelprodukte, Serienprodukte) geordnet und nach einer Besprechung die Ergebnisse in einer Tabelle festgehalten.

4. Lernziele

Die Schüler sollen:

<u>Kernziel:</u>

- Einen Stempel für das Tiefziehen eines Katamaranrumpfs planen und aus unterschiedlichem Material beginnen herzustellen

<u>Kognitive Ziele:</u>

- Beispiele für verschiedene Schiffstypen finden
- die Begriffe zum Tiefziehen und die Funktion der Teile kennen
- eine Skizze in Draufsicht und Seitenansicht für den Stempel im Maßstab 1:1 fertigen
- erfahren, dass es in der Technik immer sinnvoll ist, eine Planung durchzuführen, um das Ergebnis qualitativ zu optimieren
- durch die Erstellung von technischen Zeichnungen in Form von Skizzen soll ihr Wissen in diesem Bereich reaktiviert werden und ihnen auch hier wieder deutlich werden, wozu diese nützlich sind

<u>Affektive Lernziele:</u>

- lernen, in Partner- und Gruppenarbeit zu arbeiten und miteinander zu kommunizieren
- sich gegenseitig informieren, beraten und helfen
- lernen, selbstständig zu arbeiten (geeignete Werkzeuge aussuchen,...)

<u>Motorisches Lernziel:</u>

- sachgerecht mit den Werkzeugen umgehen können

5. Methodische Analyse

5.1 *Begründung der Methode und Alternativen*

Die Stunde beginnt mit einer motivierenden Phase. Über einen Beamer werden an der Diawand zwei bis drei kurze Videos gezeigt. Ohne eine bestimmte Aufgabenstellung schauen die Schüler sich die Videos an. Die Schüler sollen ganz offen an das Thema herangeführt werden. In einem Video ist ein Katamaran zu sehen und im anderen ein eine Segelyacht. Ich frage die Schüler dann was sie beim Anblick der Bilder empfunden haben. Vielleicht hat der ein oder andere Lust auf Bootfahren bekommen. In einem Unterrichtsgespräch wird besprochen, dass die Fertigung eines Katamarans in Originalmaßen zu lange dauern würde und zu teuer wäre. Ich biete den Schülern also an, dass wir einen Modell – Katamaran herstellen. Die Schüler sollen dann sagen, was vorher alles überlegt werden muss. Wir kommen im Gespräch darauf, dass man um eine Planung, selbst bei einem kleinen Werkstück nicht herumkommt. Ein Schüler schreibt an der Tafel mit, was zu einer Planung alles gehört:

- Ideen sammeln,
- Informationen beschaffen,
- Skizzen anfertigen,
- Fertigung vorbereiten (Materialliste erstellen)

Bevor jeder eine Schüler eine Skizze für den Rumpf des Katamarans anfertigt, müssen sie sich also Informationen zur Form des Rumpfes beschaffen. Die Schüler bekommen von mir verschiedene Bilder aus der Zeitschrift „Bootshandel", dem „Guinnessbuch der Rekorde", dem „Reibert" und aus dem Internet. Sie haben die Aufgabe, die Gemeinsamkeiten beim Rumpf eines Bootes zu erkennen und zu beschreiben. Bei der Planung der Stunde hatte ich zuerst daran gedacht, dass die Schüler vorerst einmal sammeln, was für unterschiedliche Boote und Schiffe es überhaupt gibt. Dies geschieht nun trotzdem, wenn auch eher nebenher. Beim Begutachten der Rümpfe müssen die Schüler sich in der Gruppe auch absprechen, welche Funktion das ein oder andere Boot überhaupt hat, um dann sagen zu können, ob der Rumpf dem des Katamarans ähnelt oder nicht. Die Fotos sind aus den Büchern kopiert, bzw. aus der Zeitschrift ausgeschnitten. Die Schüler sollen nicht von irgendwelchen Kommentaren o.ä. abgelenkt werden. Nur eine Kommentar wurde belassen, da er sehr interessant ist. Es geht dabei um den größten Katamaran der Welt (36,6m lang/ 21,3m breit/ 41,5 m hoch).

Das nächste Problem ist das des Materials, aus dem der Rumpf gefertigt werden soll. Die Schüler erinnern sich an das Arbeiten mit dem Werkstoff Styrodur. Andere Schüler nennen vielleicht Holz als Werkstoff. Da wir schnell produzieren wollen und jeder den gleichen Rumpf aus Kunststoff haben soll, müssen wir das bekannte Verfahren des Tiefziehens anwenden. Unser Katamaran sollte auch leicht sein und lange halten. Das Tiefziehen wurde bisher aber nur sehr grob erklärt. Die Schüler haben vor zwei Wochen mit einem Stempel aus Styrodur und einem selbst hergestellten Ziehring aus Holz experimentiert.

Die Tiefziehvorrichtung, die von der Hauptschule bereitgestellt wurde, wird präsentiert. In einem kurzen Gespräch werden die Bauteile geklärt. Die Schüler erhalten ein Arbeitsblatt und wir sichern die Begriffe gemeinsam. Sie sollen außerdem die Funktion jedes Teils beschreiben. Es wäre auch möglich gewesen, dass die Schüler dieses Arbeitsblatt alleine ausfüllen und dass es dann erst besprochen wird. Da die Begriffe aber im Unterrichtsgespräch schon alle aufgetaucht sind, liegt die einzige Schwierigkeit bei der Benennung der Funktion jedes einzelnen Teils. Dafür gebe ich den Schülern dann genügend Zeit zum Nachdenken.

Der zweite Teil des Arbeitsblatts ist Hausaufgabe. Die Schüler haben dadurch die Möglichkeit selbst zu überprüfen, ob sie das Prinzip des Tiefziehens verstanden haben. Sollte dies nicht der Fall sein, können sie sich im Buch darüber informieren.

Das nächste Problem ist dasselbe wie vor zwei Wochen. Beim Experimentieren mit dem Stempel aus Kunststoff ist schon beim ersten Tiefziehvorgang der Stempel in der tiefgezogenen Form des Bechers geschmolzen und konnte nicht mehr herausgenommen werden. Dieser Werkstoff kommt also nicht für einen Stempel in Frage. Die Schüler überlegen, aus welchem anderen Material der Stempel gefertigt werden könnte. Vielleicht kommen sie darauf, den Stempel zu gießen. Dann würden sie gar nicht so falsch liegen, da ein Stempel bzw. zwei Stempel mit einer Polyester – Spachtelmasse geformt werden. Ziel bei der Planung war es, den Schüler eine weitere Möglichkeit zur Herstellung aufzuzeigen. Der Grund, warum mit zwei unterschiedlichen Holzarten gearbeitet wird ist der, dass die Schüler sich nach der Fertigstellung über ihre Erfahrungen beim Bearbeiten der unterschiedlichen

Werkstoffe bzw. Holzarten austauschen. Sie sollen sagen, wo die Vor- und Nachteile sind.

Nun fordere ich die Schüler auf, eine Skizze des Stempels in Seitenansicht und Draufsicht zu zeichnen. Die Draufsicht eines Rumpfes könnte dann wie in der folgenden Zeichnung aussehen (siehe Zeichnung).

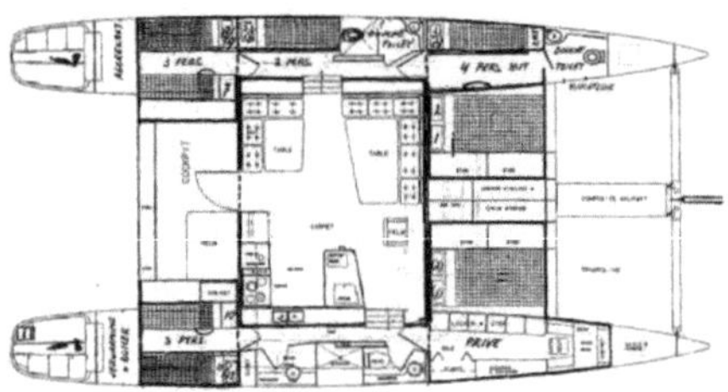

Sie erhalten dazu ein kariertes Blatt, das es ihnen einfacher macht, sich an die Höchstmaße (50 x 250mm) zu halten. Die Höchstmaße ergeben sich aus der Größe des vorhandenen Niederhalters mit Ziehring (siehe Foto).

Es gibt auch noch eine längere Vorrichtung, für die man aber einen sehr großen Stempel brauchen würde. Das Ergebnis wäre dann ein ca. 34 cm langer Rumpf (siehe Foto).

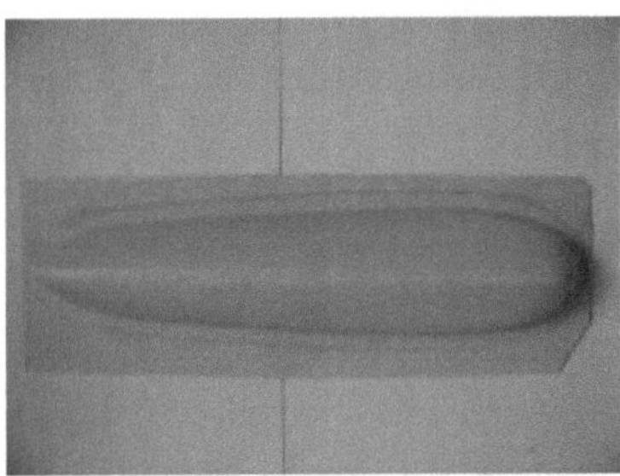

Da aber jeder Schüler erst einen Stempel herstellt, habe ich mich entschieden, die kleine Form (ca. DIN A4) zu benutzen.

Die Schüler schneiden dann ihre Skizze aus und übertragen sie auf den Holzklotz. Ein Vergleich der verschiedenen Skizzen scheint mir wenig sinnvoll, da erst dann Vermutungen über die Gleiteigenschaften des Rumpfes im Wasser gemacht werden können, wenn seine endgültige Form feststeht. Trotz allem kann darüber gesprochen werden, wie man herausfinden kann, welcher Rumpf am besten durch das Wasser gleitet. Die Rümpfe werden dazu in einem Wasserbecken an einer Schnur befestigt . Diese Schnur an deren anderen Ende ein Gewicht befestigt ist, zieht über eine Rolle den Rumpf über eine bestimmte Distanz durch das Wasser. Die Zeit wird genommen und alle Zeiten werden miteinander verglichen. Es gibt auch noch andere Möglichkeiten, die Fließgeschwindigkeit festzustellen, z.B. mit einem Propeller oder einem Torpedomotor.

Zwei Schüler, die sich bereit erklären, ihre Form aus Polyester – Spachtelmasse herzustellen, kläre ich über die Gefahren beim Umgang mit dem Kunststoff auf. Ich gebe ihnen die Schutzausrüstung und belehre sie über die Sicherheitsbestimmungen. Außerdem erhalten sie ein Arbeitsblatt in zweifacher Ausfertigung, das sie sich genau durchlesen müssen. Es sind die Sicherheitszeichen erklärt und es wird nochmals auf die Regeln beim Umgang mit diesem Stoff eingegangen.

Sie sollen aus einem Tetrapack eine Negativform basteln und dann die Spachtelmasse hineindrücken. Dabei müssen sie sich trotzdem so gut es geht an ihre Skizze halten. Bei der Fertigung des Stempels aus Holz ist dies einfacher. Außerdem sollen sie einen Holzstiel in der Mitte der Form platzieren, so dass die

Form wie ein Stempel, den wir aus dem Büro kennen, „durch" die Kunststofffolie gedrückt werden kann.

Sollte noch genügend Zeit sein und sollten die zwei Schüler, die sich für das Arbeiten mit der Polyestermasse gemeldet haben, schon weit genug sein, sollen sie ihren Mitschülern kurz erklären, was sie gemacht haben.

Zum Einteilen der Ordnungsdienste bekommen die Schüler normalerweise von mir immer eine Karte, auf der ihre Aufgabe steht (z.B. Kehre die Tische, stelle die Stühle auf den Tisch/ Kehre den Werkraum/ Säubere die Werkzeuge, überprüfe sie auf Vollzähligkeit und ordne sie an ihren Platz im Werkzeugschrank/...). Diese Einteilung geschieht nach dem Zufallsprinzip und die soziale Kompetenz wird somit gestärkt.

Wir verzichten aber heute auf ein Säubern des Werkraums. Ich werde dies für die Schüler erledigen, da die Schüler laut Stundeplan am Freitag um 12.05 Uhr ins Wochenende entlassen werden.

6. Möglicherweise auftretende Probleme

a) <u>Zeitfaktor:</u>

Erfahrungsgemäß ist die Zeit einer Stunde für das Fach „Natur und Technik" immer relativ knapp. Aus diesem Grund wird das Werkzeug einfach auf einem Tisch vor den Werkzeugschränken zurückgelegt. Auf ein Säubern des Werkraums wird verzichtet.

b) <u>Unfallverhütung</u>

Beim Arbeiten mit der Polyester-Spachtelmasse ist Schutzkleidung zu tragen, weil die Härter – Paste „reizend" ist. Deshalb bekommen die zwei betreffenden Schüler eine Schutzausrüstung, bestehend aus Schutzbrillen, Handschuhen und Atemschutz.

7. Unterrichtsskizze

Datum:	Freitag, XX. XXX 2004 11.20 – 12.05 Uhr		Thema:	„Planung und Herstellung eines Gegenstandes aus Kunststoff: Stempel zur Herstellung von Schiffsrümpfen"
Fach:	Natur und Technik		U-Einheit:	
Schule:	RS XXX		LPE:	LPE 2: "Kunststoffe, vielseitig und problematisch" & LPE 3: "Arbeitsmittel und Verfahren zur Mehrfachfertigung
Klasse:	7X (8 Schüler)	**Lehrprobe –** **2. Staatsprüfung für das Lehramt an Realschulen**	Ziele:	- einen Stempel für das Tiefziehen eines Katamaranrumpfes planen und aus unterschiedlichem Material beginnen herzustellen - die Begriffe zum Tiefziehen und die Funktion der Teile kennen - erfahren, dass es in der Technik immer sinnvoll ist, eine Planung durchzuführen, um das Ergebnis qualitativ zu optimieren - lernen, in Partner- und Gruppenarbeit zu arbeiten und miteinander zu kommunizieren - lernen, selbstständig zu arbeiten

Zeit	Phase	Geplantes Lehrerverhalten	Erwartetes Schülerverhalten	Sozial- form	Medien
11.20	Begrüßung	**L. begrüßt die Schüler.** **Begrüßung der Prüfer**			2 Videos, Laptop, Beamer
	Einstieg	**L. zeigt 2 kurze Videos.** Katamaran + Trimaran **„Was empfindet ihr, wenn ihr solche Boote**	**„ … würde ich jetzt auch gern machen"**	UG	

		seht?“ L: „... selbst kaufen, wohl zu teuer ...“ L: „...selbst herstellen ja, aber nicht im Maßstab 1:1, sondern ein Modell“			(Propeller)

11.25	Vorüberlegungen	Was muss überlegt werden? Was müssen wir tun? (Wir müssen planen.)
		L. fordert einen Schüler auf, alles an der Tafel mitzuschreiben:
		  • Ideen sammeln, Informationen beschaffen
		  • Form (Form frei), Material
					TA

11.30	Planungsphase: Ideen sammeln	„Wenn wir einen Katamaran bauen, müssen wir zuvor überlegen, wie so ein Katamaran gebaut ist. Schaut Euch die verschiedenen Schiffstypen im Hinblick auf ihre Rümpfe an. Ihr bekommt hierfür ein paar Bilder (foliert).“ *Besprechung* „Wir wollen einen möglichst schnellen Katamaran, der mit einem Propeller angetrieben wird.	Sch. vergleichen die Rümpfe der unterschiedlichsten Boote.	UG GA UG	Fotos, Bilder
11.35	Planungsphase: Problemstellung	„Jeder von euch baut einen Katamaran. Aus was für einem <u>Material</u> könnte so ein <u>Rumpf</u> hergestellt werden?“	„Styropor, Styrodur, Balsaholz, Holz, ... Kunststofffolie tief ziehen“	UG	
	Theorie	„Was braucht man für das Tiefziehen? Erinnert euch an den Versuch mit dem Joghurtbecher“ Was lief vor zwei Wochen schief? Wie sauber muss der Stempel geformt sein?“ *L. zeigt die Apparatur. Die Schüler erhalten ein AB und wir sichern die Begriffe zum Thema „Tiefziehen“ gemeinsam.*	„Ziehring, Niederhalter, Stempel, Heißluftfön, ...“ *Schüler ergänzen den 1. Teil des Arbeitsblatts. Rest ist HA*	UG UG/EA	AB: „Tief-ziehen“
11.40		„Der Stempel den wir aus Styrodur hergestellt haben, ist beim Tiefziehen an den Kanten geschmolzen. Aus was für einem Material könnte		UG	

		noch ein Stempel hergestellt werden?" „Holz, …?"			
11.45	Planung	„Skizziert einen Stempel im Maßstab 1:1 auf das farbige Papier. Stellt eine Draufsicht und eine Seitenansicht dar. Wegen dem Niederhalter darf ein Rumpf maximal 50 mm breit und 250 mm lang sein darf (Breite: 50, Länge 250) Schneidet eure Ansichten aus und übertragt sie auf euren Werkstoff."		EA	
11.50	Praktische Arbeit	„Jeder stellt jetzt seinen Stempel her. 3 verwenden das Balsaholz, 3 das Fichtenholz und 2 versuchen aus einem Tetrapack ihre Form herauszuschneiden, mit Tesafilm zu schließen und die Form mit Polyester-Spachtelmasse zu füllen. Ein Halter aus Holz sollte noch eingearbeitet werden (Foto!)" „Bei der Arbeit mit dem Polyester Schutzausrüstung anlegen: Handschuhe, Brille, Atemschutz"	*Schüler räumen den Arbeitsplatz auf, bereiten ihn vor und besorgen sich das nötige Werkzeug aus den Schränken.*	EA/PA	Tesafilm, Balsaholz, Fichten- holz,Tetra- packs, Polyester- Spachtel- masse, Holzstiel
12.03	Aufräumen	*Schüler bekommen normalerweise einen Zettel mit den Ordnungsdiensten, die sie verrichten müssen. (Zufallsprinzip) Auf das Säubern des Werkraumes wird verzichtet.*			

8. Literatur

Ministerium für Kultus und Sport, Baden-Württemberg:

Bildungsplan für die Realschule. Stuttgart 1994

Helling, K./Hessel, G./Köger, Alfred/Kornaker, P./ Kosack, W./Schönherr, R.:

Umwelt: Technik 7 – Ein Arbeits- und Informationsbuch. 1. Auflage, Stuttgart 1996

Helling, K./Hessel, G./Köger, Alfred/Kornaker, P./ Kosack, W./Schönherr, R.:

Umwelt: Technik 7 – Lehrerinformationen. 1. Auflage, Stuttgart 1995

HENZLER, S./LEINS, Kurt:

Mensch – Technik – Umwelt für die Klassen 7+8. Hamburg 1989

MENKEN, H.:

Der Kunststoff im Technik-Unterricht – Arbeitstechniken und Unterrichtsbeispiele.
Eberbach

9. Audio-visuelle Medien

Institut für Film und Bild in Wissenschaft und Unterricht:

Video Tiefziehen. Grünwald 1988

10. Abbildungen

11. Erklärung

Ich versichere, dass ich den Lehrprobenentwurf selbständig und nur mit den angegebenen Hilfsmitteln angefertigt habe und dass ich alle Stellen, die dem Wortlaut oder dem Sinne nach anderen Werken entnommen wurde, durch Angaben der Quellen als Entlehnung kenntlich gemacht habe.

_______________________________   _______________________________
Datum   Unterschrift

12. Arbeitsblätter

Das Tiefziehen

1.) Benenne die Teile der Tiefziehform und deren Funktion

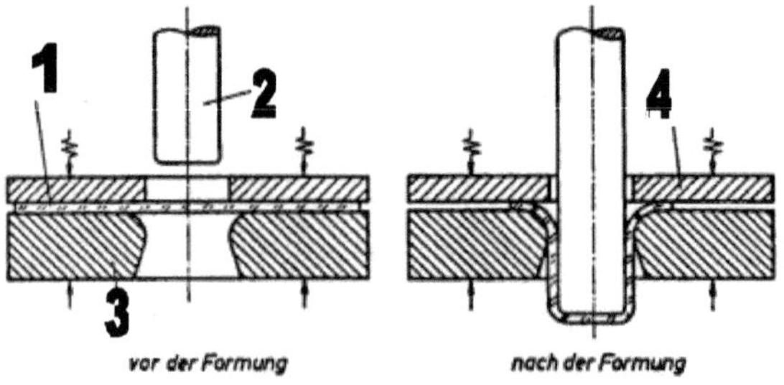

Teil Nr.	Benennung des Teils	Funktion des Teils
1		
2		
3		
4		

2.) Vervollständige den Lückentext

Thermoplaste können unter Einwirkung von _______________ (ca. 150°C) umgeformt werden können. Für das Tiefziehen braucht man eine _________________ (siehe Abbildung). Die Kunststoffplatte wird zwischen dem Ziehring und dem _____________________ eingespannt. Von unten wird die Kunststoffplatte (z.B. Polystyrol) von einem _____________erwärmt und von oben erwärmen wir sie mit einem _____________________.Mit dem ________________wird die Kunststoffplatte durch den Ziehring gedrückt. Beim thermischen Umformen (Umformen unter Wärmeeinwirkung) wird zur Sicherheit mit ________________ gearbeitet. Tiefziehvorrichtungen haben den Vorteil, dass

____.

Vorsicht beim Umgang mit
der Polyester – Feinspachtelmasse und
der Härter – Paste

1.) Hautkontakt mit der Spachtelmasse vermeiden →

Schutzhandschuhe tragen!

2.) Die Dämpfe nicht einatmen → Schutzmaske über Mund und

Nase tragen!

3.) Die Augen können gereizt werden → Schutzbrille tragen!

4.) Die Härter – Paste ist „brandfördernd" → nicht zuviel Härter

verwenden! Die Masse lufttrocknen lassen (auf keinen Fall mit

dem Heißluftfön trocknen!)

5.) Polyester darf nicht eingenommen werden!